essentials

Essentials liefern aktuelles Wissen in konzentrierter Form. Die Essenz dessen, worauf es als „State-of-the-Art" in der gegenwärtigen Fachdiskussion oder in der Praxis ankommt. Essentials informieren schnell, unkompliziert und verständlich

- als Einführung in ein aktuelles Thema aus Ihrem Fachgebiet
- als Einstieg in ein für Sie noch unbekanntes Themenfeld
- als Einblick, um zum Thema mitreden zu können.

Die Bücher in elektronischer und gedruckter Form bringen das Expertenwissen von Springer-Fachautoren kompakt zur Darstellung. Sie sind besonders für die Nutzung als eBook auf Tablet-PCs, eBook-Readern und Smartphones geeignet.

Essentials: Wissensbausteine aus Wirtschaft und Gesellschaft, Medizin, Psychologie und Gesundheitsberufen, Technik und Naturwissenschaften. Von renommierten Autoren der Verlagsmarken Springer Gabler, Springer VS, Springer Medizin, Springer Spektrum, Springer Vieweg und Springer Psychologie.

Reinhard Wagner

Projektmanagement in der Automobilindustrie

Herausforderungen und Erfolgsfaktoren

Reinhard Wagner
Projektivisten GmbH
Friedberg, Deutschland

ISSN 2197-6708   ISSN 2197-6716 (electronic)
essentials
ISBN 978-3-658-08812-5   ISBN 978-3-658-08813-2 (eBook)
DOI 10.1007/978-3-658-08813-2

Die Deutsche Nationalbibliothek verzeichnet diese Publikation in der Deutschen Nationalbiblio-
grafie; detaillierte bibliografische Daten sind im Internet über http://dnb.d-nb.de abrufbar.

Springer Gabler
© Springer Fachmedien Wiesbaden 2015

Gedruckt auf säurefreiem und chlorfrei gebleichtem Papier

Springer Fachmedien Wiesbaden ist Teil der Fachverlagsgruppe Springer Science+Business Media
(www.springer.com)

Was Sie in diesem Essential finden können

- Eine Übersicht wichtiger Trends in der Automobilindustrie
- Einblicke in die Anforderungen an das Projektmanagement der Branche
- Eine integrierte Sicht auf die Erfolgsfaktoren des Projektmanagements
- Zukünftige Herausforderungen für das Projektmanagement in der Branche

Vorwort

Die Automobilindustrie spielt für Deutschland als Exportnation eine zentrale Rolle. Für das Projektmanagement der Branche gab es bis ins Jahr 2004 kein Fachbuch. Mit der Veröffentlichung von „Projektmanagement in der Automobilindustrie" im Gabler Verlag im selben Jahr wurde diese Lücke geschlossen. In nunmehr zehn Jahren hat sich das Buch als Standard in der Branche etabliert. Das vorliegende Essential gibt Einblicke in die Entwicklung der Automobilindustrie und zeigt wesentliche Trends, Anforderungen sowie Erfolgsfaktoren für das Projektmanagement. Damit wird eine gute Grundlage für die weitere Auseinandersetzung mit dem Thema geschaffen.

Das Essential wendet sich an Führungskräfte in Unternehmen, die das Projektmanagement weiterentwickeln bzw. an neue Anforderungen anpassen wollen. Auch Projektleiter und Projektteammitglieder sind angesprochen, um das Management ihrer Projekte besser auf die jeweilige Situation abstimmen und die Zusammenarbeit verbessern zu können.

Inhaltsverzeichnis

Einleitung {#einleitung}

1

Die Automobilindustrie hat in den letzten vierzig Jahren eine wahre Erfolgsgeschichte geschrieben. So hat sich beispielsweise der Fahrzeugbestand in Deutschland von ca. 14 Mio. im Jahr 1970 auf heute knapp über 50 Mio. mehr als verdreifacht. Damit stieg die Fahrzeugdichte im gleichen Zeitraum von 229 Kfz auf heute über 612 Kfz je 1000 Einwohner an. International ist eine ähnliche Entwicklung zu beobachten. Vor allem durch die hohen Wachstumsraten in Ländern wie China, Indien und Brasilien wuchs der Fahrzeugbestand auf nahezu eine Milliarde Fahrzeuge weltweit an. Diese Entwicklung hat Automobilherstellern wie Zulieferern bislang enorme Wachstumsraten beschert. Insbesondere im Premium-Segment konnten die deutschen Hersteller wie Audi, BMW, Mercedes, Porsche und Co. ihren Marktanteil aufgrund hervorragender Qualität, innovativer Technologien und einer großen Zuverlässigkeit stetig ausbauen. „Made in Germany" und „German Engineering" galten dabei immer als Basis für den weltweiten Erfolg deutscher Unternehmen.

Im Herbst 2008 legte die Automobilindustrie allerdings eine „Vollbremsung" hin. Nach der Finanz- bzw. Immobilienkrise in den USA und dem Zusammenbruch mehrerer großer Banken brach auch die Nachfrage nach Automobilen weltweit drastisch ein. Die deutschen Hersteller konnten sich dieser Entwicklung nicht entziehen. Hatten sie in den vorangegangenen Jahren die Schwäche in den Triade-Märkten USA, Westeuropa und Japan noch durch Wachstum in den BRIC-Staaten (Brasilien, Russland, Indien und China) ausgleichen können, so ging auch hier plötzlich nichts mehr. Die global aufgestellte Branche durchlebte eine der schwierigsten Phasen der letzten (sehr erfolgreichen) Dekaden. Besonders hart traf es die Automobilhersteller in Nordamerika. Die einst so stolzen Unternehmen General

© Springer Fachmedien Wiesbaden 2015
R. Wagner, *Projektmanagement in der Automobilindustrie,* essentials,
DOI 10.1007/978-3-658-08813-2_1

1

Motors und Chrysler konnten sich nur dank staatlicher Hilfen über Wasser halten und mussten im Rahmen eines Insolvenzverfahrens schmerzliche Einschnitte bei Händlern, Zulieferern und Produktionsstandorten hinnehmen. Auch Toyota, der bis zu diesem Zeitpunkt volumenstärkste und profitabelste Massenhersteller, geriet in den Sog der Ereignisse. Aufgrund starker Abhängigkeiten vom Absatz in Nordamerika mussten die sonst so erfolgsverwöhnten Toyota-Manager erstmals Verluste verkünden und ihre Wachstumsziele drastisch nach unten korrigieren.

Experten hatten schon längere Zeit vor einem Crash gewarnt. Sie führen strukturelle Probleme in der Autoindustrie und gravierende Managementfehler als Hauptursachen für die Misere an. So werden die Überkapazitäten der weltweiten Automobilindustrie, die verfehlte Modellpolitik mit dem Trend zu immer größeren, wenig umweltschonenden Fahrzeugen und die zu geringe Profitabilität von Volumenherstellern wie auch Zulieferern gerügt. In der Krise mussten dann wohl oder übel die Kapazitäten massiv heruntergefahren und gleichzeitig neue, sparsamere Modelle entwickelt werden. Dies kostet natürlich zusätzliches Geld – Geld, das aufgrund einer oft zu geringen Profitabilität fehlte und am Kapitalmarkt nicht mehr zu beschaffen war. Diesem Teufelskreis fielen zahlreiche, auch namhafte Unternehmen zum Opfer.

Die Krise traf auch die deutschen Player hart. Spezialisiert auf das Premium-Segment, verloren sie plötzlich zahlungskräftige Kunden, was zu Verlustmeldungen bei BMW, Mercedes & Co. sorgte, die daraufhin flächendeckend mit Kurzarbeit und harten Einschnitten reagierten. Volkswagen und Opel konnten temporär von der „Abwrackprämie" profitieren. Die staatliche Stützungsaktion für 2 Mio. geförderte Fahrzeuge löste eine Sonderkonjunktur bei Klein- und Kleinstwagen aus und half, die Zahl der deutschen Neuzulassungen im Jahr 2009 zu stabilisieren. Die Krise dauerte aber nicht lange an, schon im Jahr 2010 konnten viele Unternehmen wieder an die Erfolge vor dem tiefen Einschnitt anknüpfen. Insbesondere das Wachstum in den BRIC-Staaten bescherte den Premium-Herstellern mit ihren Zulieferern ein weiteres Wachstum. Allerdings veränderten sich die Herausforderungen für das Projektmanagement, so finden heute z. B. viele Projekte unter Beteiligung internationaler Partner statt, was die Zusammenarbeit zur Herausforderung macht. Im Folgenden sollen wichtige Trends in der Automobilindustrie, Anforderungen, Erfolgsfaktoren und zukünftige Herausforderungen für das Projektmanagement in der Branche dargestellt werden.

Wichtige Trends in der Automobilindustrie

2

Die Automobilindustrie hat sich in den letzten Jahrzehnten weltweit zu einem der wichtigsten Wirtschaftszweige entwickelt. Im Jahr 2008 haben fast 9 Mio. Beschäftigte knapp 57 Mio. Autos gefertigt und trugen damit immerhin ca. 15 % zum Welt-Bruttosozialprodukt bei. Auch in Deutschland spielt die Automobilindustrie mit einem Umsatz von knapp 284 Mrd. € und annähernd 750.000 Beschäftigten eine gewichtige Rolle im Wirtschaftsleben.[1]

Allerdings haben die Auswirkungen der Globalisierung nicht Halt vor der Automobilindustrie gemacht. So hat es in den letzten Jahrzehnten auf Seiten der Automobilhersteller eine dramatische Konzentrationsbewegung gegeben. Existierten 1964 noch 52 selbstständige Hersteller, so hat sich deren Zahl bis heute auf ein Dutzend global tätige, unabhängige Konzerne reduziert. In Schwellenländern wie z. B. China und Indien etablieren sich zwar zunehmend neue Anbieter, allerdings sind deren Versuche, sich auf der internationalen Bühne zu betätigen, bislang noch nicht sonderlich erfolgreich.

Die Absatzkrise hat den Überlebenskampf der Automobilhersteller verschärft.[2] Experten sehen die Zukunft der Hersteller in Bündnissen und fordern unkonventionelle Kooperationsmodelle. Vor allem das Segment der kleinen Volumenhersteller ist betroffen und muss künftig Partner finden, um die Kosten, die etwa in Forschung und Entwicklung entstehen, besser abdecken zu können. Synergien sind

---

[1] vgl. VDA, Jahresbericht 2009.

[2] vgl. Studie „Automotive Performance 2007/2008" des FHDW Center of Automotive.

© Springer Fachmedien Wiesbaden 2015

R. Wagner, *Projektmanagement in der Automobilindustrie,* essentials,

DOI 10.1007/978-3-658-08813-2_2

aber auch im Einkauf, in der Produktion oder bei der Realisierung von Skalenef-fekten, z. B. durch Nutzung von Plattformen und Gleichteilen, möglich.[3]

Die Krise traf auch die Zulieferer hart. So mussten allein in Deutschland 2008 und 2009 mehrere Dutzend Unternehmen Insolvenz anmelden, die Gewinne bei den restlichen Unternehmen fielen zumeist negativ aus. Es wird verstärkt zu Zu-sammenschlüssen (wie z. B. Continental/Schaeffler oder Webasto/Edscha) kom-men und neue Geschäftsmodelle geben. Experten konstatieren, dass deutsche Zulieferer aufgrund ihrer Innovationskraft und ihres unternehmerischen Handelns stärker als ihre Wettbewerber aus der Krise hervorgehen werden. Auch wenn sich Umsatz und Ergebnis erst in den nächsten Jahren wieder einpendeln werden, so profitieren die Zulieferer vom hohen Anteil an der automobilen Wertschöpfung.[4]

Prognosen zu den Wertschöpfungsanteilen von Automobilherstellern und Zu-lieferern basieren weitgehend auf Zahlen vor Einbruch der Absatzzahlen. Dem-nach profitieren die Zulieferer vom Outsourcing der Hersteller und können ihren Anteil auf über 70 % ausbauen (vgl. Abb. 2.1).

Allerdings haben die Original Equipment Manufacturer (OEM) in letzter Zeit wieder verstärkt Kapazitäten ins eigene Unternehmen zurückgeholt, so z. B. die Entwicklung und Fertigung von Derivaten wie Sport- und Geländewagen, die kei-

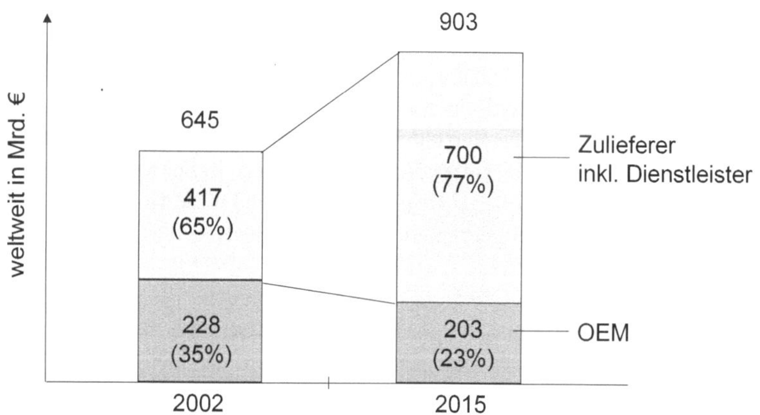

Abb. 2.1 Wertschöpfungsentwicklung in der Automobilindustrie (vgl. die Studie „Future Automotive Industry Structure (FAST) 2015" von Oliver Wyman (vormals) Mercer Manage-ment Consulting und Fraunhofer Gesellschaft, München, 2003)

---

[3] vgl. Financial Times Deutschland, Ausgabe vom 10. Dezember 2008, S. 4.
[4] Pressemitteilung von VDA und Oliver Wyman, Frankfurt am Main/München, 19. Mai 2009.

ne großen Stückzahlen bringen, nichtsdestotrotz mit einer hohen Flexibilität zusammen mit anderen Modellen auf einem Band montiert werden können.

Technologische Veränderungen bewirken auch ein Umdenken bei den OEM, was die eigenen Kernkompetenzen angeht. Vor allem im Bereich Elektrik/Elektronik nehmen die Hersteller wieder verstärkt selbst das Ruder in die Hand. Der Entwicklungsleiter für Elektrofahrzeuge bei Daimler geht sogar noch einen Schritt weiter: „Getriebesteuerungen entwickeln wir heute zu 100 % selbst. Bei Motorsteuerungen wird das ab 2012 der Fall sein und die Power Control Units für Hybrid- und Elektroautos entwickeln wir ebenfalls inhouse."[5] Volkswagen reagiert auch bei konventioneller Technik mit einer Erhöhung des Eigenanteils. Durch eine bessere Auslastung der eigenen Komponentenwerke mit Ingenieur-Leistungen, Produktion, Prototypen- und Werkzeugbau soll eine jährliche Produktivitätssteigerung von zehn Prozent realisiert werden.[6] Es bleibt also abzuwarten, wie sich die Wertschöpfungsanteile zukünftig weiterentwickeln werden.

Das Stichwort „Elektroauto" macht deutlich, dass sich für Hersteller wie Zulieferer die strategischen Schwerpunkte verschoben haben. Waren in den letzten Jahren Themen wie z. B. die Ausweitung der Modellpaletten, die Verbesserung der Produktqualität und die globale Aufstellung und Verknüpfung von Wertschöpfungsketten im Zentrum des Interesses, steht die Automobilindustrie heute am Beginn einer technologischen Zeitenwende. „Erstmals in der mehr als hundertjährigen Geschichte des Automobils bestehen realistische Chancen, dass fossile Kraftstoffe beim Antrieb der Fahrzeuge nicht mehr die alleinige Lösung sind. Dafür gibt es im Wesentlichen zwei Treiber: Erstens verlangt die Umwelt- und Klimapolitik – angesichts der Gefahren des Klimawandels – eine Verringerung der CO_2-Emissionen von Autos. Zweitens haben der rasante Anstieg des Ölpreises bis zur Jahresmitte 2008 sowie die Erwartung, dass der aktuelle Ölpreisrückgang lediglich ein vorübergehendes Phänomen ist, dazu geführt, dass die Automobilwirtschaft ihre Forschungsanstrengungen im Bereich alternative Antriebe intensiviert hat."[7]

Primär wurde die Entwicklung also durch externe Einflussfaktoren getrieben, obwohl gerade die deutschen Automobilhersteller schon lange an alternativen Antrieben und umweltfreundlichen Technologien arbeiten. Hinzu kommt, dass sich die Käufer von Fahrzeugen heute eher für sparsame Modelle entscheiden und gesellschaftlich „klein und sauber" einfach besser ankommt. Die Zulassungszahlen im Zeitraum von Juli 2008 bis Juli 2009 zeigen ein klares Wachstum bei Kleinst- und Kleinwagen sowie im Bereich der Kompaktklasse. Mittelklasse,

---

[5] VDI nachrichten Nr. 27, Ausgabe vom 03. Juli 2009, S. 4.

[6] Meldung der Automobilindustrie in ihrer Online-Ausgabe vom 02.09.2009.

[7] Deutsche Bank Research, EU-Monitor 62, Ausgabe vom 06. Februar 2009, S. 2.

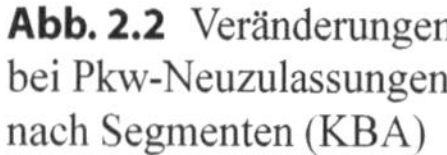

Abb. 2.2 Veränderungen bei Pkw-Neuzulassungen nach Segmenten (KBA)

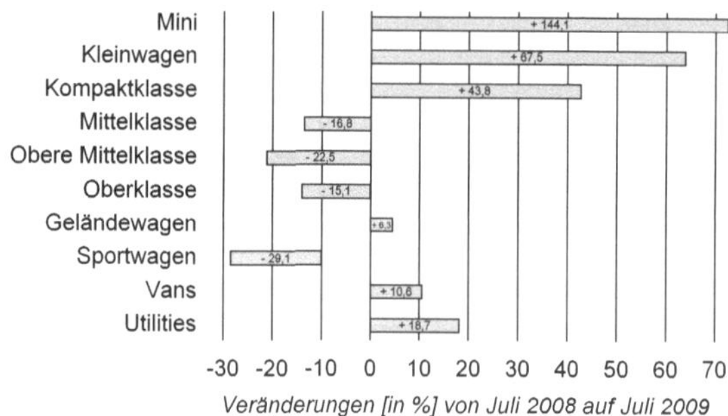

obere Mittelklasse, Oberklasse und Sportwagen sind die klaren Verlierer dieser Entwicklung (vgl. Abb 2.2). Allerdings sind Premium und Umweltverträglichkeit auch kein Widerspruch, das beweist Toyota mit seinen Hybrid-Modellen des Lexus genauso wie deutsche Premium-Anbieter.

Die Analyse der Entwicklungen in der Automobilindustrie muss heute mehr denn je auf globaler Ebene vorgenommen werden. Nach einer weitgehenden Sättigung der wichtigsten Absatzmärkte in der Triade (Nordamerika, Westeuropa und Japan) und dem Erstarken der BRIC-Staaten (Brasilien, Russland, Indien und China) ist die Automobilindustrie wesentlich komplexer geworden.

Der nordamerikanische Markt hatte in den letzten beiden Jahren besonders unter der Rezession zu leiden. So wurden in den USA 2009 nur noch 10,4 Mio. Light Vehicles abgesetzt, 21 % weniger als im Vorjahr.[8] Hohe Kraftstoffpreise, schärfere Kreditbedingungen, fallende Aktien- und Häuserpreise sowie eine zunehmende Arbeitslosigkeit ließen die Nachfrage nach neuen Fahrzeugen weiter einbrechen. Der Absatz in Westeuropa (+ 1 %) konnte nur dank staatlicher Maßnahmen stabilisiert werden, in Japan nahm dagegen die Zahl der Neuzulassungen wie in den Vorjahren ab (− 7 %). Damit wird deutlich, dass sich die klassischen Absatzmärkte in einer Sättigungsphase befinden.

Die Krise hat aber auch den Absatz in einigen Ländern betroffen, die zu den Wachstumsmärkten der Automobilindustrie zählen. So konnten zwar in Brasilien die Verkäufe um 13 % auf mehr als drei Millionen Fahrzeuge gesteigert werden, das Nachbarland Argentinien verbuchte hingegen einen Absatzrückgang um ein Fünftel. In Russland hat sich 2009 das Pkw-Geschäft aufgrund der wirtschaftlichen Lage nahezu halbiert, auch in Rumänien und Bulgarien ging der Absatz um mehr als die Hälfte zurück, lediglich in Polen, Tschechien und der Slowakei waren leichte Zuwächse zu verzeichnen. In China und Indien hat sich der Absatz nach

---

[8] VDA.

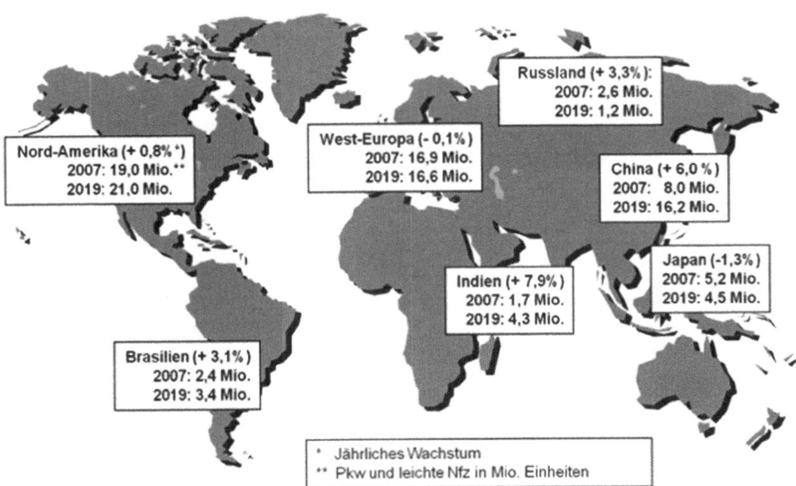

Abb. 2.3 Wachstum und Absatz nach Regionen (vgl. Automobilindustrie, Ausgabe 9/2009, S. 26)

einer kurzen Schwächephase Anfang 2009 weiter sehr dynamisch entwickelt, so konnten in China im Gesamtjahr 8,4 Mio. Fahrzeuge abgesetzt werden, fast 50 % mehr als im Vorjahr, Indien konnte eine Steigerung um 17 % auf 1,8 Mio. Pkw verzeichnen.

In den nächsten Jahren erwarten Analysten für die BRIC-Staaten ein überproportionales Wachstum (vgl. Abb. 2.3). Dieses Wachstum speist sich überwiegend aus dem wirtschaftlichen Erstarken der Schwellenländer mit einer parallel steigenden Kaufkraft der Bevölkerung und einem erhöhten Bedarf an Transportmitteln. Die Triade wird dagegen rückläufige Absatzzahlen verzeichnen bzw. stagnieren.

Die Automobilhersteller versuchen wie schon in den letzten Jahren mit immer neuen Modellen und Varianten Marktanteile zu halten oder neue hinzuzugewinnen. BMW hat beispielsweise in den letzten Jahren seine Modellpalette kontinuierlich erweitert (vgl. Abb. 2.4). Die Ausweitung der Modellvielfalt erhöht allerdings die Komplexität in den Produktentstehungsprozessen – von der Entwicklung über die Fertigung bis hin zu den After-Sales-Services. Vielfältige Abhängigkeiten und die Gefahr der Kannibalisierung, d. h. der Erhöhung der Absatzzahlen eines Modells auf Kosten eines anderen, sind Herausforderungen für das Management. Dabei müssen die international tätigen Automobilhersteller ihre Marken und Modelle

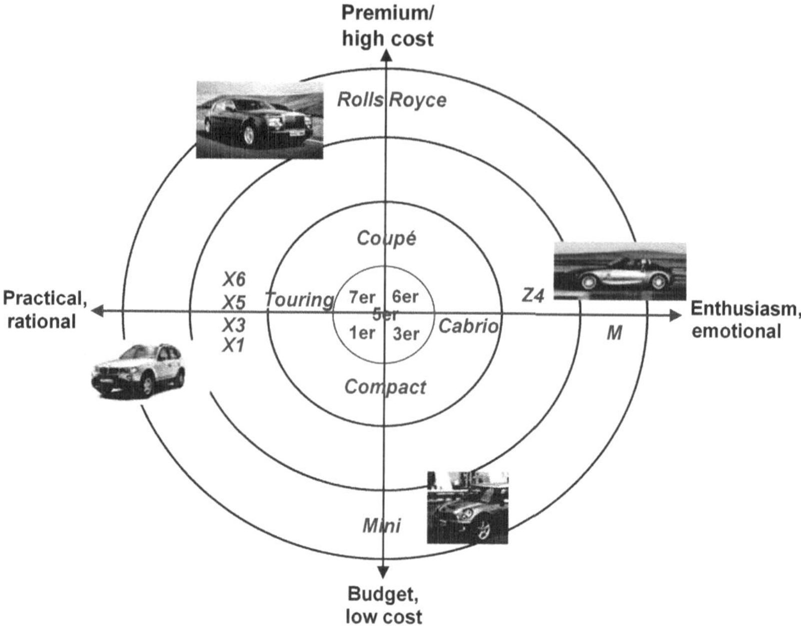

Abb. 2.4 Produktportfolio der BMW Group (in Anlehnung an Becker (2003, S. 64))

auch noch zunehmend auf regionale Käufergruppen abstimmen, was den Aufwand zusätzlich erhöht.

Durch die expansive Modellpolitik der letzten Jahre sind die Automobilhersteller gezwungen worden, große Teile ihrer Wertschöpfung an kompetente Zulieferer auszulagern. Zulieferer spielen heute eine wesentliche Rolle bei Entwicklung und Fertigung von Fahrzeugteilen, Modulen und Systemen. Teilweise übernehmen sie komplette Fahrzeuge (Derivate) mit einem geringen Volumen wie z. B. Cabrios, geländegängige Fahrzeuge oder Sportwagen.

Die Systemlieferanten sind für große Anteile verantwortlich und steuern die Unternehmen der nachgelagerten Wertschöpfungsstufen aus. Neue Formen der Zusammenarbeit zwischen Herstellern und Zulieferern entstehen (vgl. Abb. 2.5). In Zukunft wird die automobile Wertschöpfung in komplexen Netzwerken erbracht.

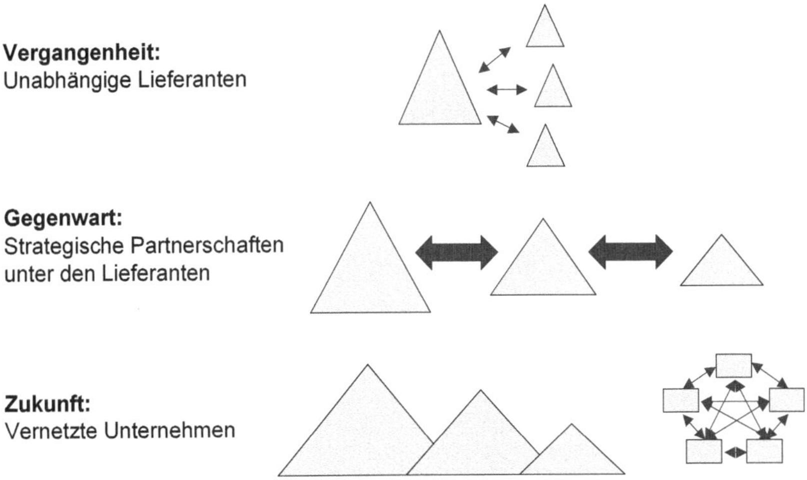

Vergangenheit:
Unabhängige Lieferanten

Gegenwart:
Strategische Partnerschaften
unter den Lieferanten

Zukunft:
Vernetzte Unternehmen

Abb. 2.5 Neue Formen der Zusammenarbeit in der Automobilindustrie. (Kurek 2004, S. 23)

Anforderungen an das Projektmanagement in der Automobilindustrie

3

In gleichem Maße wie sich die Automobilindustrie verändert und die strategischen Herausforderungen für Hersteller und Zulieferer zunehmen, steigen auch die Anforderungen an das Projektmanagement. Eine zunehmend anspruchsvollere Käuferschaft erwartet auf individuelle Bedürfnisse zugeschnittene Autos mit neuesten Technologien und hoher Funktionalität, wie z. B. Komfort, Sicherheit und Fahrleistung, ist allerdings immer weniger bereit, für diese Innovationen auch einen höheren Preis (im Vergleich zum Vorgängermodell) zu bezahlen. Die Hersteller sind im globalen Wettstreit gezwungen, in immer kürzeren Abständen neue Fahrzeuge, Modelle oder technische Neuerungen auf den Markt zu bringen, und zwar in möglichst hoher Qualität und zu attraktiven Preisen.

Das „magische Dreieck" des Projektmanagements von Qualität, Kosten und Terminen wandelt sich zum „teuflischen Dreieck" (vgl. Abb. 3.1). Es stehen immer geringere Budgets für die Entwicklung hochwertiger Fahrzeuge bei einem verkürzten „time-to-market" zur Verfügung. Damit schränkt sich der Handlungsspielraum deutlich ein und die Anforderungen an Effizienz und Effektivität in der Projektabwicklung steigen.

Standen in den vergangenen Jahren vor allem die Rationalisierungsbemühungen in den Produktionsbereichen im Vordergrund (z. B. Lean Production, Re-Engineering), so rücken heute verstärkt die Prozesse der Produktentwicklung in den Mittelpunkt der Anstrengungen zur Steigerung von Effizienz und Effektivität.

Das Potenzial ist gewaltig. So konnten wir schon vor Jahren nachweisen, dass sich die Effizienz in Fahrzeugentwicklungsprojekten um annähernd 30 % (!) steigern lässt. In einer Gemeinschaftsstudie mit dem Fraunhofer Institut für Arbeitswirtschaft und Organisation (IAO) unter dem Titel „Automobilentwicklung

© Springer Fachmedien Wiesbaden 2015
R. Wagner, *Projektmanagement in der Automobilindustrie*, essentials,
DOI 10.1007/978-3-658-08813-2_3

Abb. 3.1 Vom „magischen" zum „teuflischen" Dreieck

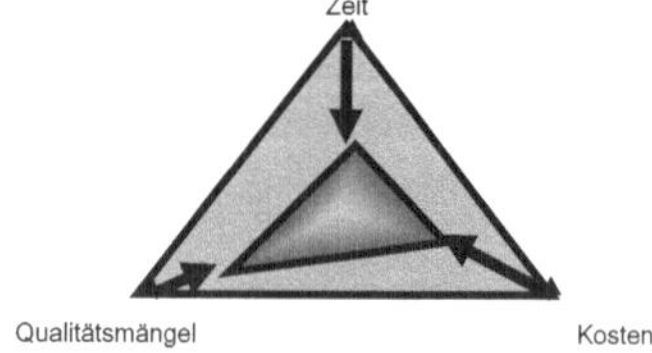

in Deutschland – wie sicher in die Zukunft?" kommt das Autorenteam zu dem Schluss, dass man sich ernsthafte Sorgen um den Entwicklungsstandort Deutschland machen müsse (vgl. Bullinger et al. 2003). Dann werden die Probleme klar beim Namen genannt: So wird das Projektmanagement als Schlüsseldisziplin in der Fahrzeugentwicklung offensichtlich nicht mit der erforderlichen Professionalität praktiziert. Es wird deshalb gefordert, den Stellenwert des Projektmanagements zu erhöhen und als zentrale Funktion in der Unternehmensorganisation zu verankern. Würde dem Thema Projektmanagement in den Unternehmen der Automobilindustrie der nötige Stellenwert beigemessen, dann ließen sich die Projekte erheblich effizienter abwickeln und die festgelegten Ziele besser erreichen, so eine der zentralen Aussagen der Studie.

Voraussetzung für ein professionelles Projektmanagement ist – neben einer projektorientierten Kultur mit einer ausgewogenen Balance zur Linienorganisation und einer starken Position des Projektleiters – vor allem eine standardisierte Vorgehensweise von der Projektdefinition bis zum Projektabschluss.

Regelmäßige Befragungen zeigen, dass die Effizienz in der Projektabwicklung nicht besser, in manchen Fällen sogar schlechter geworden ist – mit fatalen Folgen für die Wettbewerbsfähigkeit der deutschen Automobilindustrie. So erfordern nicht nur die steigenden Kundenanforderungen und die Notwendigkeit der Differenzierung zwischen unterschiedlichen Fahrzeugmodellen, sondern auch die kooperative Projektabwicklung eine frühzeitige Abklärung und Formulierung der Ziele im Rahmen des Lastenheftes. In der Praxis existieren allerdings bis weit über den Projektbeginn hinaus unterschiedliche Auffassungen zwischen den Projektbeteiligten über die anzustrebenden Ziele – mit verheerenden Folgen für das Projekt und die Zusammenarbeit.

Die zunehmende technologische wie organisatorische Komplexität in der Automobilindustrie erzwingt eine professionelle Projektplanung und deren Abstimmung mit den beteiligten Projektpartnern. Auch wenn noch zahlreiche Unwägbarkeiten bezogen auf die Randbedingungen und den Projektverlauf in der frühen Projektphase bestehen, ist es erforderlich, wesentliche Abläufe und Ereignisse zu planen, um die Transparenz im Projekt zu erhöhen. Dies bietet Orientierung für die Beteiligten und reduziert den tatsächlichen Aufwand in der Realisierung.

- Stellenwert des Projektmanagements erhöhen und als zentrale Funktion in der Unternehmensorganisation verankern
- Projektmanagement standardisieren
- wichtige Partner wie Systemlieferanten und Entwicklungsdienstleister frühzeitig zu Projektbeginn einbeziehen
- kein Projektstart ohne klar definierte Ziele und klares Lastenheft
- frühzeitig die Projektplanung zwischen den Entwicklungspartnern abstimmen
- zu Projektstart Aufgaben, Kompetenzen und Verantwortlichkeiten der Partner verbindlich festlegen
- klare Messgrößen mit Hilfe von Meilensteinen und Arbeitspaketbeschreibungen definieren
- Einrichten eines Change-Board, das Änderungen und ihre Auswirkungen auf das Gesamtprojekt bearbeitet
- Änderungen so früh wie möglich und offen kommunizieren

Abb. 3.2 Anforderungen an das Projektmanagement in der Automobilindustrie

Kooperative Projektarbeit über Bereichs- und Unternehmensgrenzen hinweg erfordert gerade zu Beginn eines Projektes Klarheit bezüglich der jeweiligen Zuständigkeiten (Aufgaben, Kompetenzen und Verantwortlichkeiten) sowie der organisatorischen Regeln im Netzwerk zwischen Herstellern und Zulieferern. Werden diese nicht klar vereinbart, drohen Doppelarbeiten, Unterlassungen oder Reibungsverluste zwischen den Partnern, was einer notwendigen Steigerung von Effektivität und Effizienz in der Projektabwicklung sicherlich abträglich ist.

Infolge der Dynamik in der automobilen Produktentstehung scheint es ebenfalls notwendig zu sein, ein systematisches Änderungsmanagement zu implementieren. Neben der Vermeidung und Vorverlagerung von Änderungen durch „Frontloading" (d. h. die frühe Entscheidung über Projektzustände und deren Festschreibung sowie das disziplinierte Festhalten an diesen Vereinbarungen) sollten standardisierte und IT-gestützte Abläufe für mehr Effizienz und Effektivität im Umgang mit Änderungen sorgen. Wegen der Komplexität heutiger Projekte ist das Änderungsmanagement sicherlich kaum mehr von einer einzigen Person zu bewerkstelligen. Die Einrichtung eines interdisziplinär besetzten „Change-Boards" scheint deshalb die beste Lösung zu sein, um Änderungen und deren Auswirkungen auf den Projektverlauf durch eine Gemeinschaftsleistung wirksam bearbeiten zu können.

Die wesentlichen Anforderungen an das Projektmanagement in der Automobilindustrie sind in Abb. 3.2 noch einmal zusammengefasst.

Die Vielzahl der parallel ablaufenden Projekte bei Herstellern wie Zulieferern erfordert neben der professionellen Abwicklung einzelner Projekte zusätzlich noch ein systematisches Multiprojektmanagement. Von strategischer Bedeutung ist dabei das bewusste Auswählen von Projekten für das Projektportfolio. Knappe Ressourcen machen deshalb eine Bündelung auf wenige Projekte notwendig. Dies

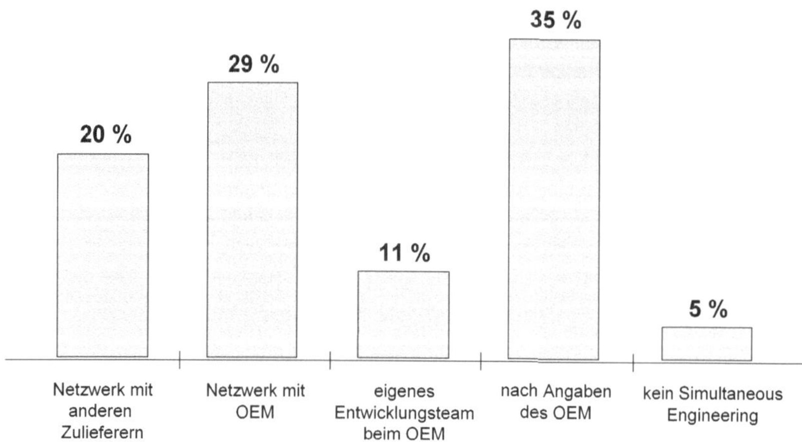

Abb. 3.3 Praktizierte Formen der Zusammenarbeit. (VDA 2001, S. 68)

betrifft die finanziellen Ressourcen ebenso wie das spezifische Know-how einzelner Mitarbeiter bzw. die in der Regel nur begrenzt verfügbaren Managementkapazitäten. Eine Verzettelung verursacht sonst unnötig Probleme.

Darüber hinaus ist die Planung und Steuerung der vielfältigen Abhängigkeiten im Projektportfolio zentrale Herausforderung des Multiprojektmanagements. Ob kritische Ressourcen optimal geplant und gesteuert werden, kann überlebenswichtig im Verdrängungswettbewerb der Automobilindustrie sein. Das Aufzeigen der Abhängigkeiten, die vernetzte Planung und das frühzeitige Reagieren auf Probleme in der übergreifenden Projektarbeit sind zentrale Aufgaben für eine übergeordnete (Multi-) Projektmanagement-Instanz – oft als „Programm-Management" bezeichnet. Die Vielzahl der Abhängigkeiten und die Dynamik der Veränderungen im Projektportfolio erfordern sicher auch Unterstützung durch ein leistungsfähiges Multiprojektmanagement-Werkzeug. Dies kann mit Hilfe vordefinierter Frühindikatoren wertvolle Informationen für die Steuerung der vielen Projekte geben und notwendige Berichte in dem dafür vorgesehenen Format zur Verfügung stellen. Damit kann der verantwortliche Manager den Überblick bewahren und sich auf seine wesentlichen Aufgaben konzentrieren.

Die Projektarbeit in der Automobilindustrie findet heute überwiegend im Rahmen von unternehmensübergreifenden Kooperationen statt. Dabei gibt es eine Vielzahl an praktizierten Modellen der Zusammenarbeit zwischen Herstellern und Zulieferern (vgl. Abb. 3.3).

Die Ursache für diese Situation ist sicherlich in der weitgehenden Verlagerung von Wertschöpfungsanteilen vom Automobilhersteller in Richtung der nominierten Zulieferer zu sehen. Teilweise erreicht der Anteil der Zulieferer heute schon

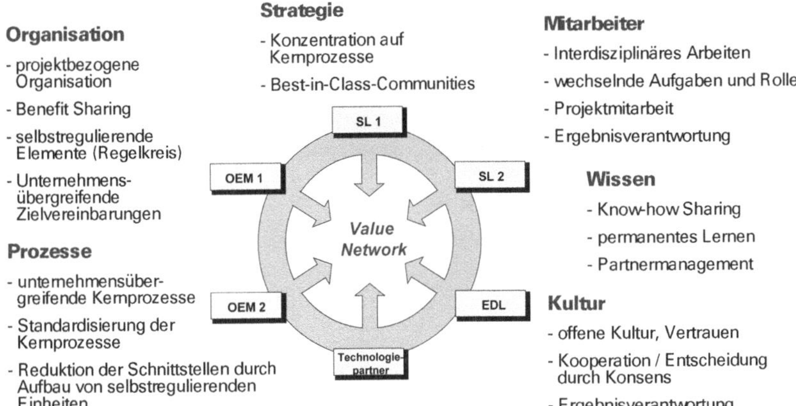

Abb. 3.4 Voraussetzungen für die Zusammenarbeit im Netzwerk (in Anlehnung an Becker (2003, S. 71))

mehr als zwei Drittel der automobilen Wertschöpfung. So widmen sich die Automobilhersteller zukünftig wesentlich stärker den der Produktion nachgelagerten Aufgaben wie z. B. Vertrieb, Service und Kundenbetreuung.[1] Ausgewählte Zulieferer übernehmen als System-, Technologie-, Entwicklungs- oder Produktionsspezialist Aufgaben, die vom Hersteller früher selbst erledigt wurden (VDA 2001, S. 11).Um das Zuliefernetzwerk zukünftig besser steuern zu können, müssen die Hersteller – ausgehend vom Branding bzw. von der Modellpolitik – Klarheit bezüglich der Differenzierungsmerkmale einzelner Modelle sowie der eingesetzten Technologien schaffen und sich verstärkt um die Fahrzeugintegration kümmern.

Schließlich gewinnen die Auswahl und das Management der strategischen Zulieferer als Partner im Produktentstehungsprozess für den Automobilhersteller eine zentrale Rolle. Die Zusammenarbeit im Netzwerk zwischen Zulieferern und Herstellern stellt eine Reihe neuer Anforderungen an die beteiligten Unternehmen und deren Mitarbeiter (vgl. Abb. 3.4).

In diesem Szenario werden sich die Unternehmen entlang der Wertschöpfung entsprechend ihrer jeweiligen Kernkompetenzen zu „Best-in-Class-Communities" zusammenschließen und projektbezogen organisieren. Die möglichst selbstständigen Einheiten werden dabei durch unternehmensübergreifende Zielvereinbarungen und eine faire Verteilung von Chancen („benefits") und Risiken („risks") ausgesteuert. Prozesse werden unternehmensübergreifend standardisiert und möglichst frei von Schnittstellen an den übergreifenden Wertschöpfungsprozessen ausgerichtet.

---

[1] Pressemitteilung der Mercer Management Consulting, München, vom 15. Dezember 2003.

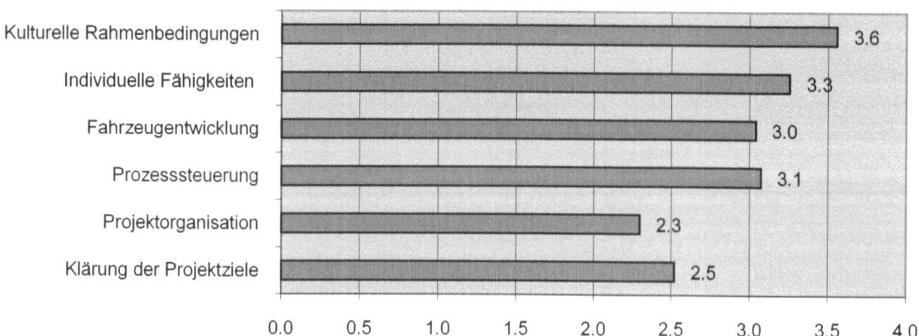

Abb. 3.5 Ergebnisse einer Expertenbefragung in der Fahrzeugentwicklung (vgl. Pander und Wagner 2005, S. 41)

Für die Mitarbeiter bedeutet die Arbeit in Netzwerken vor allem eine vermehrte Verantwortungsübernahme in der Projektarbeit sowie wechselnde Aufgaben und Rollen in einem interdisziplinären Umfeld. Permanentes Lernen und der offene Austausch von Wissen nehmen im veränderlichen Umfeld der Projektarbeit sicherlich weiter an Bedeutung zu.

Wichtig wird es zukünftig sein, die Partner mit Hilfe eines zielgerichteten Managements auf die neuen Aufgaben vorzubereiten und im Verlauf der Kooperation tatkräftig zu unterstützen. Diese Form der Netzwerkarbeit funktioniert allerdings nur bei einer Kultur des gegenseitigen Vertrauens und des offenen Umgangs miteinander, wobei Entscheidungen auf „gleicher Augenhöhe" und im Konsens getroffen werden, jeder aber für die Erreichung seiner Ergebnisse verantwortlich ist.

Eine Untersuchung der Fachgruppe „Automotive-Projektmanagement" der GPM Deutsche Gesellschaft für Projektmanagement e.V. in Zusammenarbeit mit der Universität Augsburg (Prof. Dr. Fritz Böhle) zum Thema „Cross-Company-Collaboration-Projektmanagement (C3PM)" (vgl. Pander und Wagner 2005)zeichnet allerdings ein ernüchterndes Bild der Zusammenarbeit zwischen Automobilherstellern und ihren Zulieferern: Im Bereich der Fahrzeugentwicklung schneiden vor allem die für Aufbau und Pflege einer Kooperation wichtigen Aspekte der kulturellen Rahmenbedingungen sowie der individuellen Fähigkeiten mit Abstand am schlechtesten ab (vgl. Abb. 3.5). Aber auch die Klärung der Projektziele sowie die Prozesssteuerung werden in der übergreifenden Zusammenarbeit nur mit mittelmäßigen Noten bewertet.

Zu den Defiziten im Bereich der kulturellen Rahmenbedingungen zählen vor allem mangelndes Vertrauen zwischen Herstellern und Zulieferern, die Angst der Zulieferer, aufgrund der ungleichen Machtverhältnisse „unter die Räder zu kom-

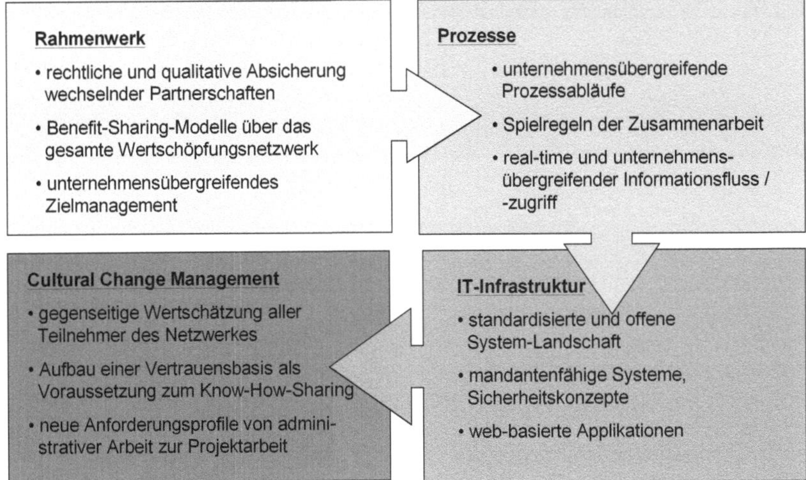

Abb. 3.6 Notwendige Veränderungen im Netzwerk (AUTOMOBILENTWICKLUNG, Ausgabe 01/2004, S. 8–11)

men", und schließlich der wenig konstruktive Umgang mit Fehlern, der meistens in einseitigen Schuldzuweisungen an die Zulieferer endet.

Statt partnerschaftlichem Umgang dominiert in den meisten Fällen die klassische „Kunde-Lieferanten"-Beziehung. Ein Zulieferer formulierte die wahren Grundsätze der Zusammenarbeit wie folgt: „Wir versuchen, mit dem Kunden zu kooperieren, aber im Endeffekt hat der Kunde das letzte Wort." Und so endet das Ziel „Partnerschaft" allzu oft in einem „Partner, schafft!".

Bei den Mitarbeitern fehle es, so die Experten, vor allem an den Fähigkeiten, selbstständig persönliche Netzwerke aufzubauen und richtig zu kommunizieren. Oft fehle die Zeit, „um Verständnis für den Partner zu entwickeln, da man sich zu schnell in die Technik stürze", so der Tenor vieler Gesprächspartner. Das persönliche Gespräch komme vielfach zu kurz. Im technisch geprägten Umfeld der Automobilindustrie mangele es darüber hinaus an wichtigen sozialen Fähigkeiten. Mitarbeiter würden zwar über eine hervorragende fachliche Ausbildung verfügen, müssten sich soziale Fähigkeiten aber erst mühsam „on the job" erwerben. Reibungsverluste und unnötige Probleme in der Zusammenarbeit seien zwangsläufig die Folge. Der Weg zur Zusammenarbeit in Wertschöpfungsnetzwerken in der Automobilindustrie führt deshalb nur über tiefgreifende Veränderungen bei Herstellern und Zulieferern. Diese betreffen den organisatorischen Rahmen, die Prozesse und die IT-Infrastruktur in der Zusammenarbeit genauso wie die Kultur der Zusammenarbeit (vgl. Abb. 3.6).

Projektmanagement-Erfolgsfaktoren in der Automobilindustrie

Kapitel 3 hat verdeutlicht, dass die Branche vor großen Herausforderungen steht, die es erfolgreich zu meistern gilt. Wenn die Automobilindustrie in Deutschland so weitermacht wie bisher, wird sie die kommenden Herausforderungen nicht meistern. Um der steigenden Komplexität und dem zunehmenden Druck auf Kosten und Termine zu begegnen, ist ein Umdenken bei Herstellern wie Zulieferern notwendig.

Die Fachgruppe „Automotive-Projektmanagement" der GPM hat in einer Untersuchung zum Status quo des Projektmanagements in der Automobilindustrie Anfang 2010 gravierende Probleme aufgedeckt. So erreichen zwar die meisten Befragten ihre Projektziele (u. a. Lastenheftvorgaben), allerdings werden in vielen Fällen Termine und Budgets überschritten – teilweise sogar erheblich. Dabei sind unrealistische Terminvorstellungen, Mängel in der Projektorganisation, ambitionierte Anforderungen und Budgetvorgaben die wichtigsten Ursachen für diese Abweichungen.

Wie kann eine Branche die Herausforderungen des Marktes bestehen, wenn sie schon jetzt die Projektabwicklung nicht mehr beherrscht? Wunsch und Wirklichkeit klaffen in der Branche weit auseinander. Dabei fehlt es oft nur an der konsequenten Umsetzung. Um die Projektarbeit entscheidend zu verbessern, ist ein Umdenken bei allen Unternehmen der Wertschöpfungskette erforderlich.

Nur durch das Zusammenwirken eines ganzen Bündels unterschiedlicher Maßnahmen kann die erwünschte Steigerung von Effektivität und Effizienz auch tatsächlich erreicht werden. Im Sinne eines ganzheitlichen Projektmanagement-Verständnisses ist es notwendig, die in Kap. 3 aufgezeigten Anforderungen bei der Gestaltung und Optimierung des Projektmanagements zu berücksichtigen und

© Springer Fachmedien Wiesbaden 2015
R. Wagner, *Projektmanagement in der Automobilindustrie,* essentials,
DOI 10.1007/978-3-658-08813-2_4

nicht etwa nur einseitig Methoden oder bestimmte Software-Lösungen in den Vordergrund zu stellen.

Nach dem Management-Vordenker Peter F. Drucker gilt: „Structure follows process follows strategy." Demnach leiten sich die organisatorischen Strukturen aus den wertschöpfenden Prozessen ab und diese wiederum orientieren sich an der Strategie eines Unternehmens oder des gesamten Wertschöpfungsnetzwerkes. Die Strategie ergibt sich aus den Marktgegebenheiten und ihren besonderen Anforderungen für das Unternehmen sowie das Netzwerk. Da Projektarbeit immer auch Zusammenarbeit von Menschen bedeutet – innerhalb von Unternehmen oder über Unternehmensgrenzen hinaus –, haben wir die oben genannten Aspekte noch um den „weichen" Aspekt der Kultur ergänzt.

Mit dem in Abb. 4.1 aufgezeigten „KI^4-Success"-Modell beschreiben wir vier zentrale Schlüssel („keys") zum erfolgreichen Management von Fahrzeugprojekten. Dabei wird von einem ganzheitlichen Projektmanagement-Verständnis ausgegangen, das von den Marktanforderungen und den strategischen Vorgaben die Ab-

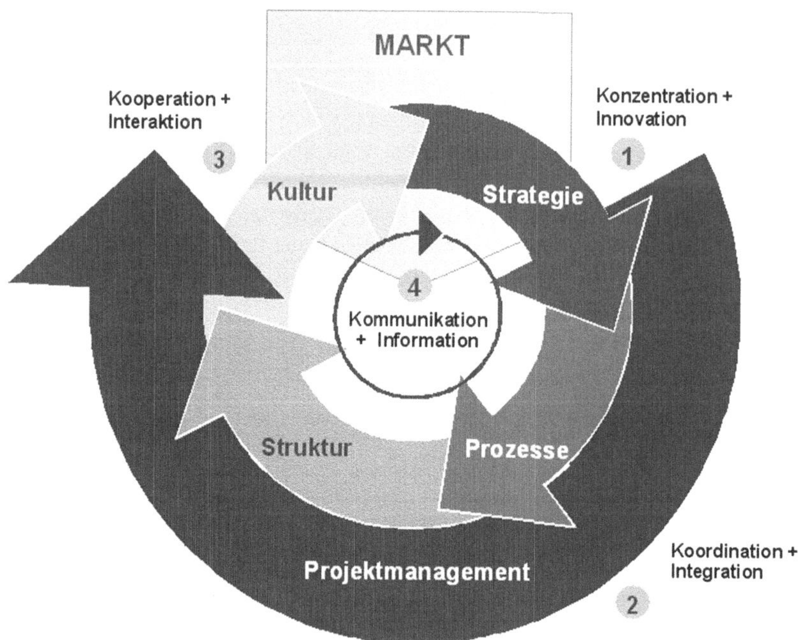

Abb. 4.1 Vier Schlüssel zum Erfolg („KI^4-Success")

hängigkeiten zu den wertschöpfenden Prozessen, den organisatorischen Strukturen sowie den kulturellen Einflussfaktoren aufzeigt.

Schlüssel 1: Konzentration und Innovation

In einem Markt mit typischen Sättigungssymptomen, wie dies im Automobilmarkt mit Verdrängungswettbewerb und Preiskämpfen der Fall ist, liegt der erste Schlüssel für die Projektarbeit in der Konzentration auf den wirklichen Kundennutzen. Die Modelloffensive der Hersteller hat zu einer Vielfalt an neuen Fahrzeugen geführt, die mit Innovationen, technischen Neuerungen und Raffinessen den Kunden umwerben. Jedoch erhält der Endkunde mittlerweile auch Produktmerkmale, die er zum Teil nur noch marginal wahrnimmt und oft nicht einmal nutzt.[1] Hier ist ein Umdenken nötig. Weniger komplexe Produkte können in der Projektabwicklung besser beherrscht werden und haben auch weniger komplexe Prozesse zur Folge. Dabei ist es notwendig, die Erwartungen des Endkunden wieder deutlich stärker in den Mittelpunkt zu rücken. „Wir überfordern den Kunden, wenn wir alles, was technisch realisierbar ist, gleichzeitig ins Auto bringen", so die Erkenntnis bei einem Automobilhersteller.[2] Die Projektverantwortlichen sollten sich deshalb deutlich früher und intensiver mit dem wahren Kundennutzen auseinandersetzen, um durch eine bessere Klärung der Produktziele unnötigen Aufwand zu vermeiden.

Neben der Konzentration auf den Kundennutzen ist auf strategischer Ebene auch die Konzentration auf die eigenen Stärken und Kernkompetenzen notwendig. Ausgehend von einem klaren Markenprofil und -image müssen sich alle Unternehmen der Lieferpyramide – vom Hersteller über die Systemlieferanten bis hin zu den Teileherstellern – auf klare technische Kompetenzen fokussieren und diese gezielt im Sinne eines „best-in-class"-Ansatzes in die Zusammenarbeit einbringen. Darauf aufbauend kann der jeweilige Automobilhersteller ein effizientes Netzwerk zusammenstellen, in dem die Aufgaben klar verteilt sind und möglichst wenige Überschneidungen der technischen Kompetenzen vorkommen.

Die Zusammenarbeit in unternehmensübergreifenden Fahrzeugprojekten wird auch deutlich effektiver, wenn die Hersteller mit ihren Zulieferern langfristige strategische Partnerschaften eingehen, anstatt diese von Projekt zu Projekt neu zu schließen. Dies spielt vor allem dort eine große Rolle, wo es um komplexe Systeme geht. „Bei einem solchen System überlegen Sie es sich sehr genau, ob Sie die Kompetenz, die ein Zulieferer eingebracht hat, oder die Art des Zusammen-

---

[1] vgl. Spiegel, Ausgabe 19/2004, S. 214 bzw. auto motor sport, Ausgabe 2/2004, S. 32.
[2] AUTOMOBILINDUSTRIE, Online-Ausgabe vom 27.04.2004.

spiels, die Sie in einem solchen Projekt lernen, nach einem Modellzyklus einfach wieder über Bord werfen", so der Einkaufschef eines OEM.[3] Die Zukunft in der Automobilindustrie wird nur den Netzwerken gehören, die es geschafft haben, ihre Kernkompetenzen optimal aufeinander abzustimmen und Kontinuität in der kooperativen Projektarbeit zu wahren.

Schlüssel 2: Koordination und Integration

Ausgehend von einem Wertschöpfungsnetzwerk in der Produktentstehung, das den Kundennutzen klar im Blick hat, müssen nun zunächst die Prozesse und dann die Strukturen in der Zusammenarbeit optimal koordiniert und integriert werden. Nur so kann der gewünschte positive Effekt für die Verbesserung in der Projektarbeit erreicht werden. Deshalb steht dieser Schlüssel auch im Mittelpunkt unserer Betrachtungen zum Projektmanagement in der Automobilindustrie.

Hierzu ist eine Kombination und Abstimmung der wichtigsten Prozesse aller Beteiligten über die gesamte Wertschöpfungskette hinweg notwendig. Schnittstellen müssen professionell ausgesteuert und synchronisiert werden. Diese Steuerungs- und Koordinationsaufgaben fallen hauptsächlich in den Aufgabenbereich der Automobilhersteller, ggf. kann aber auch ein spezialisierter Dienstleister bei dieser komplexen Aufgabe mit Hilfe geeigneter Werkzeuge und Ressourcen unterstützen.

Das Projektmanagement hält die Fäden im Projekt zusammen und benötigt daher klare Kompetenzen gegenüber den Fachabteilungen und den beteiligten Partnern. Das Projektmanagement plant und steuert die operative Umsetzung des Projektes in Richtung der vereinbarten Ziele unter Berücksichtigung der vorgegebenen Kosten und Termine. Um diese Koordinationsaufgaben zu optimieren, müssen vor allem das Anforderungsmanagement, die Projektplanungs- und Startphase sowie das Änderungsmanagement deutlich verbessert werden.

Angesichts der wachsenden technischen Komplexität (z. B. Mechatronik) reicht dies alleine heute jedoch nicht mehr aus. Vielmehr setzt das Erreichen der Sachergebnisse im Produktentstehungsprozess im Sinne eines ganzheitlich stimmigen Endproduktes eine technische Integrationsleistung voraus, die es – im Unterschied zur Luft- und Raumfahrttechnik – in der Automobilindustrie in dieser Konsequenz nicht gibt. In diesen Branchen kümmern sich sogenannte „Systems Engineers" (ergänzend zum Projektmanagement oder ihm unterstellt) um die Integration der

---

[3] Automobilwoche, Ausgabe 10/2004, S. 24.

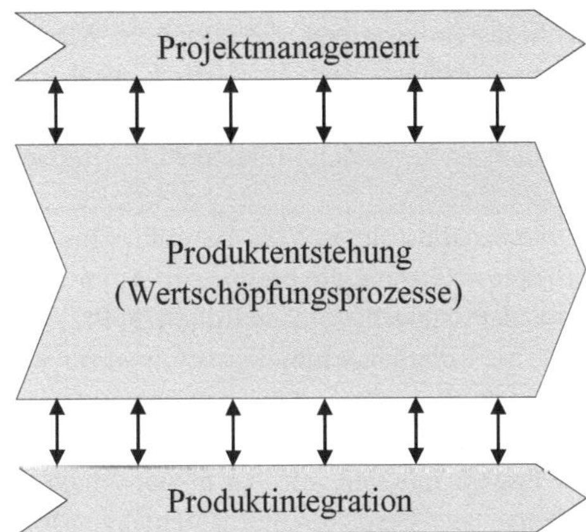

Abb. 4.2 Projektmanagement und Produktintegration

verschiedenen technischen Leistungsmerkmale zu einem Gesamtsystem bzw. -produkt.

Gesamtfahrzeugfähigkeit kommt nicht alleine dadurch zustande, dass viele Spezialisten in einem Team zusammenarbeiten und Termine und Kosten kontrolliert werden, sondern erst durch eine konsequente und ganzheitliche Integrationsleistung (siehe Abb. 4.2). Hier kann die Automobilindustrie sicherlich von den Erfahrungen der Luft- und Raumfahrtbranche profitieren.

Auf Basis abgestimmter Prozesse müssen schließlich die organisatorischen Strukturen zwischen den beteiligten Projektpartnern (flexible Vernetzung) geschaffen sowie die Aufgaben, Kompetenzen und Verantwortlichkeiten (AKV) geregelt werden. Insbesondere erscheint uns eine Klärung zwischen Linie und Projekt nötig, um unnötige Reibungsverluste in der Zusammenarbeit zu vermeiden.

Schlüssel 3: Kooperation und Interaktion

Nach der Abstimmung von Prozessen und Strukturen geht es nun darum, eine Kultur zu schaffen, die eine optimale Zusammenarbeit der Partner über die Projektdauer hinweg gewährleistet. Für eine langfristige Partnerschaft ist eine Vertrauenskultur notwendig, die nur durch gegenseitiges Commitment zu den vereinbarten Zielen und Spielregeln, durch eine faire Verteilung von Chancen und Risiken sowie durch eine gegenseitige Achtung der Autonomie des Partners entsteht. Das bedeutet aber auch, dass die Zulieferer deutlich früher in die Klärung der Projektziele einbezogen werden müssen als bisher.

In der Projektarbeit, die stark vom Wissen und von den Erfahrungen der Mitarbeiter abhängt, darf der Mensch nicht nur als „Mittel zum Zweck" gesehen werden. Er muss vielmehr mit seinen individuellen Wünschen und Fähigkeiten deutlich stärker in den Mittelpunkt der Betrachtungen rücken (vgl. Wagner 2003a, S. 179 ff.).

Personalinstrumente für Auswahl, Einsatz, Entwicklung und Führung der Mitarbeiter müssen an die besonderen Anforderungen der Projektarbeit und die Situation der unterschiedlichen Rollen im Projekt angepasst werden, damit die Potenziale der Mitarbeiter möglichst optimal zur Wirkung kommen (vgl. Wagner 2003b, S. 447 ff.).

Damit Kooperationen im Rahmen der internen wie externen Lieferbeziehungen im Projekt funktionieren, ist es notwendig, die persönlichen Kontakte der Mitarbeiter über Bereichs- und Unternehmensgrenzen hinweg weiter zu stärken. So sollte Zeit für ein erstes Kennenlernen schon vor dem Projektbeginn eingeplant werden. Auch die Teambildung und -entwicklung sollte einen hohen Stellenwert haben, damit sich die Teams im Projektverlauf voll und ganz auf ihre eigentlichen Aufgaben konzentrieren können. Schließlich sollte die für den Erfolg von Kooperationen so wichtige Vertrauenskultur von den Führungskräften nicht nur gefordert, sondern auch aktiv vorgelebt werden.

Schlüssel 4: Kommunikation und Information

Kommunikation ist das A und O einer erfolgreichen Projektarbeit. Der offene Austausch von Projektinformationen und die zur Abwicklung notwendigen Erfahrungen sind über den gesamten Projektverlauf von allen Beteiligten sicherzustellen. Kommunikation muss über alle Ebenen hinweg funktionieren, d. h. zwischen unterschiedlichen Unternehmen im Rahmen einer Kooperation, zwischen verschiedenen Bereichen eines Unternehmens (z. B. zwischen dem Projektteam und der Linienorganisation) sowie zwischen einzelnen Mitarbeitern (z. B. im Rahmen des Erfahrungsaustausches). Nur so kann sichergestellt werden, dass unnötige Doppelarbeiten vermieden, Probleme frühzeitig erkannt und behoben bzw. Konflikte rechtzeitig gelöst werden können.

Dabei spielt die direkte bzw. persönliche Kommunikation eine besondere Rolle. Gerade im Rahmen von Kooperationen ist sie in ihrer Verbindlichkeit und Wirkung durch nichts zu ersetzen. Moderne Informations- und Kommunikationstechnologien können zwar bei der Überbrückung von Barrieren – wie z. B. räumlichen Entfernungen – helfen, wirkliche Beziehungen, die später schnelle Problemlösung und unkomplizierte Anpassungsleistungen im Projekt versprechen, entstehen dadurch aber sicherlich nicht. Der offene Dialog, als besondere Form der Kommunikation zwischen gleichberechtigten Partnern, erscheint uns hier besonders geeignet zu sein. Im „KI^4-Success"-Modell dient die Kommunikation somit als zentrale Drehscheibe und verbindendes Element im Rahmen der Projektabwicklung.

Zukünftige Herausforderungen 5

Die zahlreichen Sparprogramme bei Automobilherstellern wie -zulieferern zeigen, dass die Automobilindustrie in Deutschland immer neue Anstrengungen unternehmen muss, um im internationalen Umfeld wettbewerbsfähig zu bleiben. Eine zunehmend anspruchsvollere Kundschaft fordert attraktive Fahrzeugmodelle mit modernster Technik zum Preis des Vorgängermodells oder vergleichbarer Fahrzeuge. Die Hersteller sind deshalb gezwungen, bei steigender Modellvielfalt und sinkenden Seriengrößen immer neue Fahrzeugvarianten in kürzester Zeit auf den Markt zu bringen („time-to-market") und die Kosten noch spürbar zu senken. Dabei trennt sich die Spreu vom Weizen. So melden einige Automobilhersteller Absatzrekorde, wohingegen andere Hersteller kräftig Federn lassen müssen.

Der Verdrängungswettbewerb wird also anhalten und damit der Druck auf Kosten und Termine in der Projektarbeit weiter steigen. Nur wem es gelingt, die gestiegenen Anforderungen der Märkte durch flexibles und vor allem professionelles Management der Produktentstehungsprozesse zu befriedigen, wird langfristig überleben. Dies betrifft Automobilhersteller wie Zulieferer in gleichem Maß.

Konsequentes Benchmarking von Prozessen und eingesetzten Technologien kann helfen, den Time-to-Market und die Produktkosten spürbar zu senken. So hat z. B. Audi das Sparprogramm „ForMotion" im VW-Konzern dazu genutzt, jeden Entwicklungsschritt unter Kostengesichtspunkten zu analysieren, um diesen als Benchmark für spätere Projekte zu nutzen und so die Entwicklungszeiten sowie -kosten spürbar zu senken.[1] Aber auch Benchmarking über die Branchengrenzen hinweg kann hilfreich sein. So hat eine Studie zu „Transferpotentialen im Pro-

---

[1] vgl. Automobilwoche 16, vom 2. August 2004, S. 2.

© Springer Fachmedien Wiesbaden 2015
R. Wagner, *Projektmanagement in der Automobilindustrie,* essentials,
DOI 10.1007/978-3-658-08813-2_5

jekt- und Prozessmanagement von Produktentwicklungsprojekten in den Branchen Automotive, Aerospace und Transportation (A2T)" der GPM zusammen mit der European Business School interessante Erkenntnisse zu den Unterschieden und Lernfeldern der jeweiligen Branche geliefert. Dort zeigt sich z. B., dass die Schienenfahrzeugindustrie in puncto Projektmanagement viel professioneller agiert als viele Unternehmer der Automobilindustrie. Das sollte zu denken geben!

Neben einer professionellen Planung und Steuerung der Fahrzeugprojekte rückt auch die konsequente Auswertung der gesammelten Erfahrungen in der Projektabschlussphase verstärkt in den Mittelpunkt der Betrachtungen. Gelänge es, die kritischen Prozessschritte oder Technologien in der Projektabwicklung eindeutig zu identifizieren und im Rahmen des Folgeprojektes systematisch zu eliminieren, könnte die Effizienz sicherlich spürbar verbessert werden (vgl. Wald 2008). Die investierte Zeit rechnet sich im Zeitablauf. Viele Unternehmen können allerdings das Verhältnis von Kosten und Nutzen einmal eingeleiteter Maßnahmen oft gar nicht quantifizieren – es fehlt schlicht an den Zahlen bzw. den Messgrößen für die Effizienz (vgl. Bullinger et al. 2003, S. 179). Wie soll aber die Effizienz gesteigert werden, wenn die Fragen nach dem Woher und dem Wohin noch nicht einmal geklärt sind?

Durch die Vielzahl der Produktprojekte in der Automobilindustrie und die immer wiederkehrenden Abläufe wird die Projektabwicklung eher zur Routine (vgl. Wagner 2008). Gerade dann lohnt es sich aus unserer Sicht, mittels Standardisierung der Prozesse und Professionalisierung des entsprechenden Know-hows die gewünschten Lerneffekte zu erzielen (vgl. Wagner 2009). Ob sich dies nur innerhalb von einzelnen Unternehmen, einem Cluster kooperierender Unternehmen oder in der gesamten Branche umsetzen lässt, wird sich zeigen. Das Beispiel von Toyota zeigt jedenfalls, dass durch kontinuierliche Verbesserungen in allen Bereichen des Produktentstehungsprozesses die Durchlaufzeiten und Kosten reduziert werden können und somit profitables Wachstum möglich ist.

Kein Zweifel, die Internationalisierung der Automobilindustrie ist weit fortgeschritten. Die Öffnung der Märkte in Mittel- und Osteuropa im Zeichen der EU-Osterweiterung, das rasante Wachstum in Asien und in Teilen Südamerikas, beides eröffnet neue Chancen für die deutsche Automobilindustrie. Auch wenn die Märkte – mit Ausnahme des Marktes in China – im Vergleich mit der Triade noch relativ klein sind, so investieren die Automobilhersteller schon gewaltige Summen in den Aufbau von Produktionskapazitäten sowie die Ansiedlung von Vertriebs- und Entwicklungszentren in diesen Ländern.

Auch der Trend zur Verlagerung von Produktionskapazitäten hält weiter an, teilweise aus Kostengründen, oft aber auch, um näher an den Absatzmärkten zu sein, oder gar, um Ingenieurkapazitäten (z. B. in Indien) an den Produktionsstand-

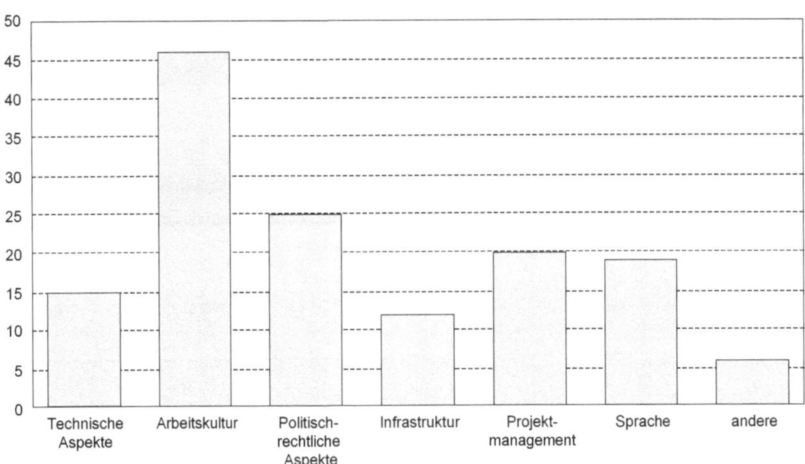

Abb. 5.1 Wichtigste Problemfelder internationaler Projektarbeit (projektMANAGEMENT aktuell, Ausgabe 3/2004, S. 13)

orten aufzubauen. Aber nicht nur die Produktion, sondern auch Forschung und Entwicklung sind von der Verlagerung betroffen, wie das Beispiel von Continental zeigt, die vor einigen Jahren mit der Fertigung auch Entwicklungsbereiche nach Rumänien verlagerte.

Im gleichen Maße wie Kapazitäten international verteilt werden, nimmt der Anteil der internationalen Projekte zu. So werden nicht nur Projektteams ins Ausland entsandt, um neue Produktionsstätten zu errichten oder gemeinsam mit Entwicklungsteams vor Ort ein neues Fahrzeugprojekt zu stemmen, sondern vielfältige Verflechtungen in der globalen Automobilindustrie führen zu einer zunehmenden Internationalisierung der Projektarbeit. Da arbeiten deutsche Entwicklungsingenieure eines Automobilherstellers gemeinsam mit einem österreichischen Systemlieferanten und brasilianischen Spezialisten an einem neuen Fahrzeug für die südamerikanischen Länder. Oder die Niederlassung eines deutschen Ingenieurbüros in Detroit erstellt mit Unterstützung seiner brasilianischen Kollegen für einen amerikanischen Fahrzeughersteller die Planung einer Fabrik in Mexiko. Die Liste der Beispiele könnte hier weiter fortgesetzt werden. Die Beispiele haben eines gemeinsam: Die Komplexität der Projektabwicklung steigt enorm.

Abbildung 5.1 zeigt die wichtigsten Problemfelder internationaler Projekte. So müssen die Projektbeteiligten nicht nur räumliche, zeitliche und sprachliche Barrieren überwinden, sondern vor allem die kulturellen Unterschiede berücksichtigen, um den Projekterfolg nicht zu gefährden. Dabei können internationale

Every culture distinguishes itself from others by the specific solutions it chooses to certain problems which reveal themselves as dilemmas. It is convenient to look at these problems under three headings: those which arise from our relationships with other people; those which come from the passage of time; and those which relate to the environment.

From the solutions different cultures have chosen to these universal problems, we can further identify seven fundamental dimensions of culture:

- Universalism vs. Particularism (What is more important – rules or relationships?)
- Individualism vs. Collectivism (Do we function in a group or as an individual?)
- Specific vs. Diffuse cultures (How far do we get involved?)
- Affective vs. Neutral cultures (Do we display our emotions?)
- Achievement vs. Ascription (Do we have to prove ourselves to receive status or is it given to us?)
- Sequential vs. Synchronic cultures (Do we do things one at a time or several things at once?)
- Internal vs. External control (Do we control our environment or work with it?)

Abb. 5.2 Kulturdimensionen von Trompenaars und Hampden-Turner (www.7d-culture.nl)

Projekte zwar eine Vielzahl an Problemen verursachen, gleichzeitig bieten sie aber – richtig angepackt – auch die Chance auf deutlich bessere Ergebnisse.

Deutsche Projektmanager genießen z. B. aufgrund ihrer hervorragenden Ausbildung, profunder Methodenkenntnisse und einer guten Führungsfähigkeit international einen guten Ruf. „Dabei bleibe mitunter der Gedanke ans Geschäftliche zurück. Sie bewegen sich zu sehr im Spannungsfeld von Qualität und Terminen. Budget und Profitabilität seien mehr Sache anderer Nationen. US-amerikanische Projektmanager sehen sich in erster Linie als Vertragserfüller, dann erst als Macher, die technische Visionen umsetzen."[2]

Durch die ausgewogene und auf die Aufgabenstellung abgestimmte Kombination von unterschiedlichen (Arbeits-)Kulturen und Verhaltensmustern lässt sich ein optimales Projektteam formen. Allerdings benötigt der Projektleiter ausgeprägte sozio-kulturelle Fähigkeiten zur Auswahl und Entwicklung des Teams. So unterscheiden sich z. B. die Inhalte und Ausprägungen der Teamentwicklungsphasen (Forming, Storming, Norming, Performing, Adjourning) gravierend von denen in rein nationalen Teams.[3] Die Teammitglieder müssen sich situativ und flexibel auf andere Kulturen einstellen, ohne die eigene Identität zu verlieren. In Abb. 5.2 sind die wichtigsten Kulturdimensionen im Überblick dargestellt.

Es gilt, die im Projektmanagement bewährten Methoden und Vorgehensweisen an die Internationalisierung anzupassen und entsprechend weiterzuentwickeln.

---

[2] projektMANAGEMENT aktuell, Ausgabe 2/2002, S. 9 f.

[3] vgl. projektMANAGEMENT aktuell, Ausgabe 3/2004, S. 18.

Dabei spielen vor allem kulturelle Aspekte eine wichtige Rolle (Hoffmann et al. 2004).

Wie beschrieben, steigt die Zahl der Fahrzeugmodelle und -varianten an und differenziert sich wohl auch in Zukunft weiter aus. Auch die starke Exportorientierung der deutschen Automobilhersteller hinterlässt ihre Spuren. So müssen länderspezifische Anforderungen, Gesetze und Vorschriften berücksichtigt werden. All dies führt unweigerlich zu einer Erhöhung der Komplexität in der Projektbearbeitung.

Die professionelle Umsetzung und Anwendung der Instrumente und Verfahren des Multiprojektmanagements wird deshalb in Zukunft für die Unternehmen der Automobilindustrie noch wichtiger sein.

Mit Hilfe vorab definierter Kriterien müssen die Projekte aus dem Portfolio ausgewählt werden, so dass die strategische Erfolgsposition des Unternehmens bzw. Netzwerks im Wettbewerb gestärkt wird. Knappe Ressourcen müssen möglichst optimal den verschiedenen Projekten zugeteilt werden, Ressourcenkonflikte sind übergeordnet im Rahmen von Steuerkreisen anhand von transparenten Kriterien zu lösen.

Ein professionelles Multiprojektmanagement muss insgesamt in der Lage sein, das Projektportfolio sowie die Abhängigkeiten zwischen den einzelnen Projekten aus übergeordneter Sicht professionell zu planen und zu steuern. Dazu benötigt das Multi-projektmanagement den entsprechenden Stellenwert im Unternehmen und die Befugnisse, um im Wirkungsgefüge des Unternehmens sowie in Richtung der Partner optimal zur Wirkung kommen zu können.

Ferner müssen noch viele der verfügbaren Software-Tools für den Einsatz im Multi-projektmanagement weiterentwickelt werden. So ist die Unterstützung des Ressourcenmanagements in der Multiprojektlandschaft noch unzureichend. Eine übersichtliche Darstellung der verfügbaren Ressourcen mit der Einplanung in den verschiedenen Projekten sowie deren tatsächlicher Auslastung würde helfen, Kapazitätsprobleme frühzeitig zu erkennen und Steuerungsmaßnahmen ergreifen zu können. Hier besteht noch Handlungsbedarf.

Steigende Effizienzanforderungen, zunehmende Vernetzung und Multiprojektlandschaften sind nur einige der Treiber für eine steigende Komplexität und Dynamik in der Projektabwicklung. Viel zu viele Faktoren nehmen Einfluss auf den Ablauf des Projektes und vermitteln dem Projektleiter dann den Eindruck, nicht mehr „Herr der Dinge" zu sein oder selbst nur noch begrenzten Einfluss auf den Projekterfolg zu haben. Konflikte mit dem Management oder den Fachabteilungen sind dann der berüchtigte „Tropfen, der das Fass zum Überlaufen bringt".

Nun, die Komplexität der Projektabwicklung nimmt tatsächlich zu. Die technologische Komplexität der Fahrzeugprojekte steigt durch die Integration neuer

Technologien (z. B. Elektronik oder Infotainment-Systeme) ins Fahrzeug und neue, innovative Verfahren zur Fertigung von immer kleiner werdenden Serien. Darüber hinaus steigt die Komplexität der Zulieferpyramide, die es später im Projekt wieder zu integrieren gilt. Schließlich führt auch das Simultaneous Engineering zu einer starken Parallelisierung, die – intensiv genutzt – den Koordinationsaufwand und damit die Komplexität erhöht.

Das Eintreten von in der Planung nicht berücksichtigten Ereignissen, wie z. B. Gesetzesänderungen, neue Kundenanforderungen oder die kurz vor dem SOP bei einer Probefahrt des Vorstands geänderte Meinung bezüglich technischer Details fordern das Projektmanagement bis an seine Grenzen.

Die in der deutschen Mentalität verhaftete Ansicht „Erst denken (planen), dann handeln" hilft zukünftig nur begrenzt weiter. Einerseits erhöht sich der Planungsaufwand ins Unermessliche, um alle Eventualitäten schon vor Projektbeginn zu berücksichtigen, andererseits sind eben Änderungen der Normalfall in Fahrzeugprojekten und können in den wenigsten Fällen vorhergesehen werden. Sie sind nicht „Störgrößen", die von bestimmten Personen initiiert werden, um den Projektleiter an seiner Aufgabenerfüllung zu hindern. Diese Erkenntnis ist wichtig, um die aus der Projektabwicklung resultierenden Schwierigkeiten nicht auf die zwischenmenschliche Ebene zu verlagern.

„Werden Grenzen der Planbarkeit anerkannt, hat dies auch Auswirkungen auf die Definition der Projektziele. Es bleibt nicht nur offen, in welcher Weise ein bestimmtes Ziel erreicht wird, sondern auch, wie das Ergebnis eines bestimmten Projekts aussieht … damit wird dem Tatbestand Rechnung getragen, dass gerade bei innovativen Projekten praktisches Handeln nicht nur der Vollzug vorangegangener Planungen ist, sondern erst im (!) praktischen Handeln sowohl das Prozedere als auch die (möglichen) Ergebnisse entstehen." (vgl. Böhle und Meil 2003, S. 36 ff.). Das alternative Konzept des „erfahrungsgeleiteten Handelns" baut auf der Erkenntnis auf, dass theoretisches Wissen, abstraktes Denken und systematisches Vorgehen zwar notwendig sind, zur Bewältigung der Unwägbarkeiten hochkomplexer Systeme bzw. Projekte aber alleine nicht ausreichen. „Neben dem Fachwissen ist dazu auch ein besonderes Erfahrungswissen notwendig. Dieses Erfahrungswissen besteht nicht nur in detaillierten Kenntnissen praktischer Gegebenheiten oder bestimmten Arbeitsroutinen. Vielmehr handelt es sich um ein Wissen, das auf einer besonderen Arbeitsweise beruht und hierin eingebunden ist." (vgl. Böhle und Meil 2003).

Folgt man dieser Argumentation, dann rücken gerade im Projektmanagement der Automobilindustrie die handelnden Personen und deren Handlungen in der konkreten Situation des Projektes in den Mittelpunkt des Interesses: „Sowohl für die Projektleiter als auch für die Mitarbeiter spielt ein analytisches, logischformales Denken für die Bewältigung einzelner (Teil-)Aufgaben ebenso wie für das Verstehen tätigkeitsübergreifender Prozesse eine wichtige Rolle. Zugleich ist aber ebenso eine Offenheit für unterschiedliche Sicht- und Denkweisen und nicht-lineare, prozesshaft-vernetzte Entwicklungen von Bedeutung. Die Projektleiter müssen in der Lage sein, die komplexen Wirkungen und Rückwirkungen einzelner Entscheidungen und Handlungen auch ohne exakte Informationen ein- und abzuschätzen.

Gleiches gilt auch für die Antizipation zukünftiger Entwicklungen auf der Grundlage von ‚sticky informations'. Analytisches Denken wird hier ergänzt durch die Assoziation vergleichbarer Situationen sowie die Aktualisierung eines entsprechenden Erfahrungswissens.

Des Weiteren aber auch durch das Sich-Einlassen auf ‚prospektive' Erfahrungen und imaginative (praktische) Auseinandersetzungen mit möglichen Entwicklungs-Szenarien. Man analysiert dabei nicht nur zukünftige Entwicklungen, sondern stellt sie sich konkret vor und erlebt sie." (vgl. Böhle und Meil 2003).

Betont werden soll gleichwohl, dass dies nicht einem Vernachlässigen der Planung das Wort reden soll. Vielmehr ist das Konzept des „erfahrungsgeleiteten Handelns" eine sinnvolle Erweiterung der bisher praktizierten Planungsmethoden, die aufgrund der steigenden Komplexität und Dynamik an ihre Grenzen stoßen. Diese müssen – da wo sinnvoll und notwendig – weiterentwickelt und an die neue Situation angepasst werden. Dies betrifft sicherlich auch die einschlägigen Software-Tools, die eine „Beherrschbarkeit" aller Eventualitäten suggerieren.

Damit wird noch einmal deutlich, wie wichtig die Funktion des Projektleiters in Fahrzeugprojekten ist und dass diese Stellung noch weiter gestärkt werden sollte. Darüber hinaus ist bei der Aus- und Weiterbildung der Projektleiter noch mehr Wert auf den Umgang mit Unwägbarkeiten im Projekt zu legen. Vielmehr ist das „Gespür" für die aktuellen Entwicklungen im Projekt und die richtigen Reaktionen darauf in der jeweiligen Situation beim Projektleiter zu entwickeln. Das schließt das richtige „Händchen" für den Umgang mit den Stakeholdern (alle, die am Projekt beteiligt oder vom Projekt in irgendeiner Weise betroffen sind) ein.

Eine Umfrage der GPM unter 23 international renommierten Projektmanagement-Experten aus elf Ländern bezüglich der wichtigsten Trends im Projektmanagement der kommenden zehn Jahre hat ergeben, dass die sogenannten „soft skills" zukünftig im Projektmanagement weiter an Bedeutung gewinnen werden.[4] Interkulturelles Management, Konfliktmanagement, Kreativität, Motivation, partnerschaftliches Projektmanagement – was bisher eher am Rande des Blickfelds vieler Projektmanager lag, rückt zunehmend in die Mitte.

---

[4] vgl. projektMANAGEMENT aktuell, Ausgabe 4/2002, S. 38.

Einige der Punkte wurden bereits beschrieben, so z. B. die durch die Internationalisierung und die Überschreitung der Unternehmensgrenzen notwendigen sozialen Fähigkeiten der Projektmanager zur Kooperation und Kommunikation. Das vorhergehende Kapitel hat deutlich gemacht, dass eine stärkere Berücksichtigung der Menschen aufgrund der steigenden Komplexität unumgänglich ist.

Die befragten PM-Experten nennen ständige Weiterbildung, Lernfähigkeit und Selbstmanagement, Motivation und Führungsqualifikation, kulturelle Sensibilität sowie Teamfähigkeit und Kreativität als wichtige Erfolgsfaktoren der Zukunft. Dabei spielen die Unternehmen eine wichtige Rolle, wenn es darum geht, diese Faktoren bei ihren Mitarbeitern zu fordern und zu fördern. Doch leider bleiben die Bekundungen vieler Unternehmen, die Mitarbeiter seien das „wertvollste Kapital", nur Lippenbekenntnisse. „In Wirklichkeit tun die Unternehmen wenig, damit die Potenziale ihrer Mitarbeiter zur Entfaltung kommen. Insbesondere auf Seiten der Projektleiter besteht deutlicher Nachholbedarf an zielgerichteten Instrumenten für deren Auswahl, Einsatz und Entwicklung." (Bullinger et al. 2003, S. 72). Fehlende Zeit, knappe Budgets oder ganz allgemein „der Druck" durch die anspruchsvolle Projektarbeit werden als Gründe angegeben.

Nach unserer Meinung sind gerade Investitionen in die Mitarbeiter richtige Entscheidungen hin zu mehr Motivation und damit Effizienz in der Projektarbeit. Erfolgreiche Unternehmen investieren fünf bis neun Schulungstage pro Jahr für ihre Mitarbeiter. Allerdings müssen die Qualifizierungsmaßnahmen individuell und bedarfsorientiert ausgelegt werden. Coaching oder „training on the job" bringen weit mehr als bloße Vermittlung von Inhalten im Rahmen eines Seminars. Insbesondere die „soft skills" können nur im Tun erlebt und damit erlernt werden. Deshalb sind gerade in diesem Bereich andere Formen des Lernens notwendig. Hier sind besonders die Personalabteilungen gefragt, sich mit den aktuellen und zukünftigen Herausforderungen der Projektleiter und -mitarbeiter auseinanderzusetzen und maßgeschneiderte Lösungen für Auswahl, Einsatz und Entwicklung des Personals zu erarbeiten.

Dennoch wird es die integrierte Betrachtung von „harten" und „weichen" Aspekten im Projektmanagement[5] bzw. das ausgewogene Verhältnis von fachlichen, methodischen, persönlichen und sozialen Fähigkeiten des Projektleiters sein, die uns dem Ziel ein Stück näher bringt, unsere Projekte möglichst optimal zum Erfolg zu führen. Dann macht Projektarbeit in der Automobilindustrie auch wieder richtig Spaß!

---

[5] vgl. OrganisationsEntwicklung 2/04, S. 45 ff.

Was Sie aus diesem Essential mitnehmen können

- Erleichtert das Verständnis der Entwicklungen in einer für Deutschland wichtigen Branche.
- Ermöglicht die Anpassung des unternehmenseigenen Projektmanagements an die Anforderungen der Automobilindustrie.
- Zeigt aus der Praxis für die Praxis, wie erfolgreiches Projektmanagement realisiert werden kann.

© Springer Fachmedien Wiesbaden 2015

R. Wagner, *Projektmanagement in der Automobilindustrie,* essentials,
DOI 10.1007/978-3-658-08813-2

Literatur

Becker, W. (2003). The network of automotive excellence as a potential response to change in development/production and brand policy. In P. Sachsenmeier & M. Schottenloher (Hrsg.), *Challenges between competition and collaboration*. Berlin: Springer.

Böhle, F., & Meil, P. (2003). Das Unplanbare bewältigen – Erfahrungsgeleitetes Handeln im Projektmanagement. In C. Butz, G. Papesch, & G. Wilhelms (Hrsg.), *2. Fachtagung Projektmanagement an der Universität Augsburg, Projektmanagement in Zeiten des Wandels*. Augsburg: Universität Augsburg.

Bullinger, H.-J., Kiss-Preußinger, E., & Spath, D. (Hrsg.). (2003). *Automobilentwicklung in Deutschland – wie sicher in die Zukunft? Chancen, Potenziale und Handlungsempfehlungen für 30 % mehr Effizienz*. Stuttgart: Fraunhofer IRB.

Ebel, B., Hofer M. B., & Al-Sibai, J. (2004). *Automotive Management – Strategie und Marketing in der Automobilwirtschaft*. Berlin: Springer.

Gusig, L. O., & Kruse, A. (2010). *Fahrzeugentwicklung im Automobilbau: Aktuelle Werkzeuge für den Praxiseinsatz*. München: Carl Hanser.

Hab, G., & Wagner R. (2012). *Projektmanagement in der Automobilindustrie – Effizientes Management von Fahrzeugprojekten entlang der Wertschöpfungskette* (4. Aufl.). Wiesbaden: Gabler.

Hoffmann, H.-E., Schoper, Y.-G., & Fitzsimons, C. J. (Hrsg.). (2004). *Internationales Projektmanagement – Interkulturelle Zusammenarbeit in der Praxis*. München: Beck.

Pander, S., & Wagner, R. (2005). *Unternehmensübergreifende Zusammenarbeit in der Automobilindustrie*. Mering: Hampp.

Schelle, H. (2014). *Projekte zum Erfolg führen – Projektmanagement systematisch und kompakt* (7. Aufl.). München: Deutscher Taschenbuch Verlag.

VDA. (2001). *Materialien zur Automobilindustrie, Heft 26: Erfolgsstrategien in der mittelständischen Automobilzulieferindustrie*. Frankfurt a. M.: VDA.

Wagner, R. (2003a). Productivity of „knowledge" work or the new role of men at work. In P. Sachsenmeier & M. Schottenloher (Hrsg.), *Challenges between competition and collaboration*. Berlin: Springer.

Wagner, R. (2003b). Personalmanagement in projektorientierten Unternehmen. In A. Beck (Hrsg.), *Fachtagung Personalmanagement*. Esslingen: Technische Akademie Esslingen.

© Springer Fachmedien Wiesbaden 2015   37
R. Wagner, *Projektmanagement in der Automobilindustrie*, essentials,
DOI 10.1007/978-3-658-08813-2
"

Wagner, R. (2008). Prozessorientiertes Projektmanagement. In M. Gessler, C. Campana, H. G. Gemünden, D. Lange, & P. E. Mayer (Hrsg.), *Projekte erfolgreich managen. 32. Aktualisierungs- und Ergänzungslieferung*. Köln: TÜV Media.

Wagner, R. (2009). DIN 69900 und DIN 69901 – Das ist neu in den deutschen PM-Normen. *Projekt Magazin*, Ausgabe 03/2009, 1–8.

Wald, A. (2008). *Projektwissensmanagement: Status Quo, Gestaltungsfaktoren, Erfolgsdeterminanten*. Göttingen: Cuvillier.

Wagner, R., & Grau, N. (Hrsg.). (2013). *Basiswissen Projektmanagement – Grundlagen der Projektarbeit*. Düsseldorf: symposion Verlag.

Zum Weiterlesen

Ebel, B., Hofer M. B., & Al-Sibai, J. (2004). *Automotive Management – Strategie und Marketing in der Automobilwirtschaft*. Springer.

Gusig, L. O., & Kruse, A. (2010). *Fahrzeugentwicklung im Automobilbau: Aktuelle Werkzeuge für den Praxiseinsatz*. Carl Hanser.

Hab, G., & Wagner R. (2012). *Projektmanagement in der Automobilindustrie – Effizientes Management von Fahrzeugprojekten entlang der Wertschöpfungskette* (4. Aufl.). Gabler.

Schelle, H. (2014). *Projekte zum Erfolg führen – Projektmanagement systematisch und kompakt* (7. Aufl.). Deutscher Taschenbuch Verlag.

Wagner, R., & Grau, N. (Hrsg.). (2013). *Basiswissen Projektmanagement – Grundlagen der Projektarbeit*. symposion Verlag.